创意数学：我的数学拓展思维训练书
# MATH FOR ALL SEASONS

# 四季中的数学

[美]格雷戈·唐◎著　　[美]哈利·布里格斯◎绘

小杨老师◎译

哈尔滨出版社
HARBIN PUBLISHING HOUSE

# 作者手记

  《四季中的数学》是数字绘本系列中的第四本。它的适读年龄比《水果中的数学》小，主要针对 5～8 岁的孩子。这两本书都有一个共同目标，那就是鼓励孩子主动去思考问题，而不是依赖公式与死记硬背。书中介绍了许多分组方式和加减算法，帮孩子从数数慢慢过渡到算术。

  《四季中的数学》中介绍给孩子四个解决问题的重要技能：首先，用开放性思维去思考与解决问题，而不是使用那些常规套路。其次，通过给数字分组的方法，战略性地思考问题。再次，了解很多更省时省力的计算技巧。最后，寻找数字中的规律性和对称性来解决问题。

  在写这本书的时候，我希望激起孩子对数学的兴趣，让他们直观地体会到学习数学、掌握解题思路的乐趣！我希望通过童谣般的文字、优美的图片来描述数学问题，以此增强孩子学习数学的信心，激发他们的创造力。祝你们阅读愉快！

*Greg Tang*

格雷戈·唐

致我亲爱的爸爸妈妈

——格雷戈·唐

致塔米和露辛达

——哈利·布里格斯

# 缤纷的郁金香

运河、自行车和风车，
绿油油的田野，蓝蓝的天。

荷兰的春天，
遍地都是美丽的花儿。

有多少朵郁金香盛开了呢？
聪明的你一定能找到答案。

把各种颜色的花儿凑在一起，
做成一个漂亮的花束吧！

答案在
书后哦！

# 大雨哗啦下不停

人们用"天空下着猫雨和狗雨"，
形容大雨哗啦下。
可为什么不是蜥蜴、蛇或青蛙呢？

下次变天时，
别再相信天气预报啦！
叫兽医来吧！

你能数一数雨伞上有多少小圆点吗？
用巧妙的方法来计算。

先凑成 10 个一组，
再来求和更简单。

# 破壳游戏

农场徐徐升起太阳，
牛在谷仓转来转去。

小猪在泥巴里打滚，
小鸡在笼里咯咯叫！

今天有多少只小鸡被孵化出来了呢？
快用聪明的方法将它们找出来吧！

想在被吵到之前算出答案，
减去没破壳的小鸡就好啦！

# 复活节的艺术

在易碎的蛋壳上作画，
再用柔和的粉彩上色。

每个色彩绚丽的彩蛋，
都是孩子眼中的宝贝！

你能数一数有多少件艺术品吗?
开始前给你一个小提示哦。

当你看着这些蛋时，
试着把它们分成两个一组！

# 高温预警

阳光下，我的冰激凌在融化，
在我吃掉它之前，已经变得一团糟。

衣服滴满冰激凌汁，
漏底的蛋筒真讨厌！

你能数一数一共有多少个冰激凌球吗？
先试试把它们分组。

不要一排一排地去数，
将上下两组相加试试看。

# 蝴蝶女士

以前我是只卑微的蠕虫，
可我的生活发生了巨变。

现在我可以展翅飞翔。
——看，我多酷啊！

数一数，蝴蝶翅膀上有多少圆点？
你有看出聪明的算法吗？

每只蝴蝶都有搭档，
试着把圆点分成十个一组吧！

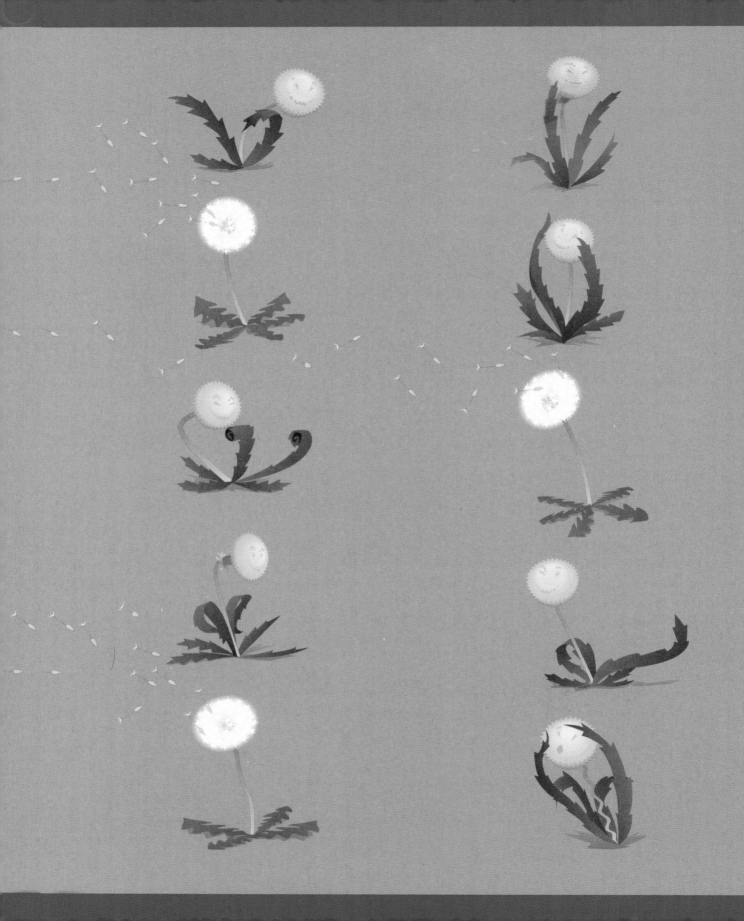

# 朴实的蒲公英

这些蒲公英顽强地生长着——
每株蒲公英都有许多种子。

当种子开始松脱，烦恼也随之开始，
它们乘风飘扬，遍地繁殖！

有多少株蒲公英开花了呢？
这些种子将降落到一块完美的草地上。

请按照五个一组来数，
然后把有种子的三株减掉！

# 双重喜悦

等待的时间真煎熬。
哦，黑夜快点来吧！

五颜六色的烟花在高空绽放，
悦耳的砰砰声是我的最爱。

你能数一数有多少束烟花吗？
告诉你一个聪明的方法哦。

不要一束一束地数，
先数一半再加倍就可以啦！

# 神奇的谷物

这种玉米不产自平原，
它是一种野生的谷物！

有棕色、金色和蓝色，
甚至还有红色与紫色！

你能数一数一共有多少根彩色的玉米吗？
有一种非常简单的方法哟。

请展开你的想象力，
横向相加来解决！

# 橡果宝宝

就算是最最高大的橡树，
也是从橡果宝宝长成的。

小松鼠找到了一粒橡果，
把它收为自己的战利品。

你能数一数有多少粒橡果宝宝吗？
这里教大家一个小技巧。

比起一组一组地数，
先凑成五个再相加！

# 南瓜惊魂

食尸鬼、地精和幽灵，
蝙蝠，还有女巫帽。
不给糖果就捣蛋！

可怕的生物在夜色里穿行，
南瓜灯在黑暗中发着幽光。

数一数，有多少个带着笑脸的南瓜？
下面的方法可能会帮到你。

试试先把所有的南瓜加起来，
然后减去没有表情的南瓜！

# 秋日终曲

秋天的颜色亮丽又奔放，
橙色、红色，还有许多金色！

冬天的雪马上就要来了，
这是树木们最后的演出。

数一数，这里有多少片落叶？
找一找空中相似的图案。

把叶子分成五片一组，
就能马上得到答案啦！

# 天空之泪

冬季的天空飘满了雪花，
像它哭泣时冰冷的泪水。

一片雪花落在鼻尖，
一阵风吹过就不见啦！

数一数，空中有多少片雪花？
小心翼翼地将它们加起来。

给你一个小小的提示哦，
歪着脑袋再看一看！

# 凉凉的冰柱

冷冰冰、亮晶晶，
像玻璃一样的冰柱，
对小朋友们充满了吸引力。

"请不要吃掉它们！"妈妈喊着。
"找一根干净点儿的吧！"爸爸叹息道。

你能数一数有几根冰柱吗？
动作要快哦，不然它们就融化啦！

给你一个小提示，
五是一个好数字！

# 节日气氛

很多人都相信这样一句谚语：
"给予比接受更快乐。"

我们分享的越多，索取的越少，
世界就越美好！

你能看到多少礼物呢？
猜猜消失不见的都去哪儿啦。

假设所有的礼物都在，
把它们全部加在一起，
减去消失的部分就好啦！

# 新年快乐

新年前夜，多么美好呀！
我们展望未来，辞旧迎新。

所有你想要做的事，
可以重新开始了！

你能数一数有多少顶派对帽吗？
按照下面的方法，你一定能做到！

试着找到一组十个，
唱着新年歌把剩下的加起来吧！

# 参考答案

## 缤纷的郁金香

与其一行一行地加，不如试试先把每列的加起来。每列有 5 朵，一共有 3 列，所以是 15 朵。

$5 + 5 + 5 = 15$

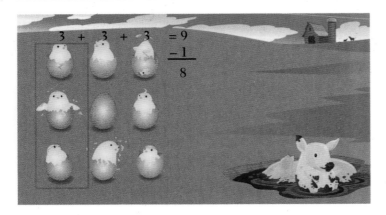

## 大雨哗啦下不停

如果可能的话，将数字先凑整再相加。雨伞可以相互配对，一对伞有 10 个小圆点，两对伞一共有 20 个小圆点。

$10 + 10 = 20$

## 破壳游戏

首先把所有的鸡蛋加起来。一共有 3 行，每行有 3 个鸡蛋，一共是 9 个鸡蛋。然后减掉中间没有孵化的鸡蛋，剩下 8 个已经孵化出来的小鸡。

$9 - 1 = 8$

## 复活节的艺术

假设把 1 个鸡蛋从 3 个一组的鸡蛋中移出来，和落单的鸡蛋组成一组。现在一共有 6 组鸡蛋，每组 2 个，一共是 12 个鸡蛋。

$2 + 2 + 2 + 2 + 2 + 2 = 12$

## 高温预警

比起一行一行数冰激凌球，按列来数会更快。每列都有 5 个冰激凌球，一共 4 列，所以一共有 20 个冰激凌球。

$5 + 5 + 5 + 5 = 20$

## 蝴蝶女士

如果可以的话，把蝴蝶身上的圆点凑成整数再相加。蝴蝶可以两两配对，每组蝴蝶都有 10 个圆点，所以一共有 20 个圆点。

$10 + 10 = 20$

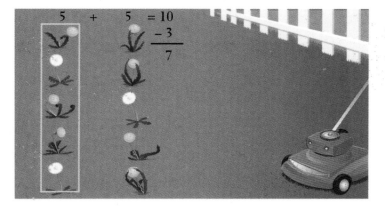

## 朴实的蒲公英

首先把所有的蒲公英加起来，包括那些已经结籽的蒲公英。一共有 2 列，每列有 5 株蒲公英。所以总共有 10 株蒲公英。再把那 3 株已经结籽的蒲公英减掉，得到 7 株还在开花的蒲公英。

$10 - 3 = 7$

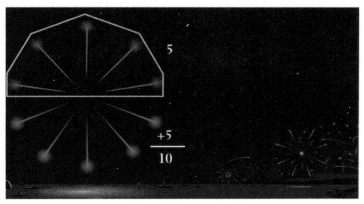

## 双重喜悦

因为烟花是对称的图形，所以只需要数一半的烟花束就好了。然后把这个数字翻倍，最终得到 10 束烟花。

$5 + 5 = 10$

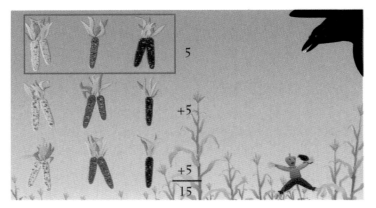

## 神奇的谷物

一列一列相加太麻烦，不如一行一行地加。
每行有 5 根玉米，所以一共有 15 根玉米。
5 + 5 + 5 = 15

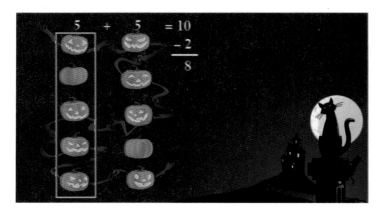

## 橡果宝宝

如果可能的话，将橡果分成数量相同的分组
再求和。橡果可以被分为 5 粒一组，一共 3 组。
所以一共有 15 粒橡果。
5 + 5 + 5 = 15

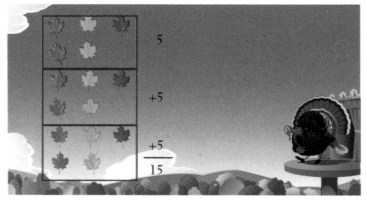

## 南瓜惊魂

首先把所有南瓜加起来，包括那 2 个没表情
的南瓜。一共有 2 列，每列有 5 个南瓜，一
共是 10 个南瓜。然后再把 2 个没表情的南瓜
减去，最后得到 8 个有笑脸的南瓜。
10 − 2 = 8

## 秋日终曲

你注意到了吗？前面两行一共有 5 片叶
子。这种模式重复了两次，所以一共有
15 片叶子。
5 + 5 + 5 = 15

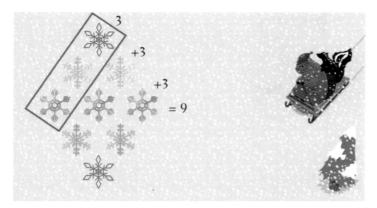

## 天空之泪

与其把雪花一行一行地相加，不如按照斜线把它们分成 3 片一组，可以分成 3 组，所以一共是 9 片雪花。

$3 + 3 + 3 = 9$

## 凉凉的冰柱

如果可能的话，将冰柱分成数量相同的分组再求和。这些冰柱可以分成 2 组，每组 5 根，所以一共是 10 根冰柱。

$5 + 5 = 10$

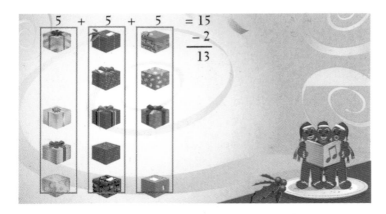

## 节日气氛

首先假设 2 个消失的礼物还存在，这里一共有 3 列，每列有 5 个礼物，所以一共有 15 个礼物。然后把那 2 个消失的礼物减掉。

$15 - 2 = 13$

## 新年快乐

找到一个长方形，里面有两列帽子，每列有 5 顶帽子，一共有 10 顶帽子，然后再把剩下的 4 顶加起来，一共是 14 顶帽子。

$10 + 2 + 2 = 14$

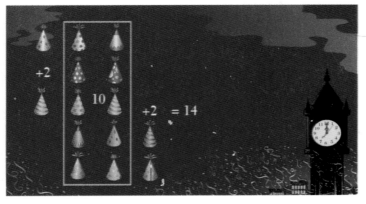

特别感谢斯蒂芬妮·勒克的
灵感、创新和鼓励。

黑版贸审字 08-2019-237 号

图书在版编目（CIP）数据

四季中的数学 / (美) 格雷戈·唐 (Greg Tang) 著；
(美) 哈利·布里格斯 (Harry Briggs) 绘；小杨老师译
. — 哈尔滨：哈尔滨出版社，2020.11
（创意数学：我的数学拓展思维训练书）
书名原文：MATH FOR ALL SEASONS
ISBN 978-7-5484-5077-1

Ⅰ.①四… Ⅱ.①格… ②哈… ③小… Ⅲ.①数学 –
儿童读物 Ⅳ.①O1-49

中国版本图书馆CIP数据核字(2020)第003843号

书　　名：创意数学：我的数学拓展思维训练书. 四季中的数学
CHUANGYI SHUXUE:WODE SHUXUE TUOZHAN SIWEI
XUNLIAN SHU.SIJI ZHONG DE SHUXUE

作　　者：[美]格雷戈·唐 著　[美]哈利·布里格斯 绘　小杨老师 译
责任编辑：滕 达 尉晓敏　　　责任审校：李 战
特约编辑：李静怡 翟羽佳　　　美术设计：官 兰

出版发行：哈尔滨出版社（Harbin Publishing House）
社　　址：哈尔滨市松北区世坤路738号9号楼　邮编：150028
经　　销：全国新华书店
印　　刷：深圳市彩美印刷有限公司
网　　址：www.hrbcbs.com　　www.mifengniao.com
E-mail：hrbcbs@yeah.net
编辑版权热线：（0451）87900271　87900272
销售热线：（0451）87900202　87900203

| 开　本：889mm×1194mm　1/16 | 印张：19 | 字数：64千字 |
| --- | --- | --- |
| 版　次：2020年11月第1版 | | |
| 印　次：2020年11月第1次印刷 | | |
| 书　号：ISBN 978-7-5484-5077-1 | | |
| 定　价：158.00元（全8册） | | |

凡购本社图书发现印装错误，请与本社印制部联系调换。
服务热线：（0451）87900278